BERICHTE ÜBER DIE VERHANDLUNGEN DER SÄCHSISCHEN
AKADEMIE DER WISSENSCHAFTEN ZU LEIPZIG

Mathematisch-naturwissenschaftliche Klasse
Band 98 · Heft 2

E. HEIDEBROEK

ÜBER DIE BEZIEHUNGEN ZWISCHEN SCHMIERUNG UND VERSCHLEISS BEI GESCHMIERTER GLEITREIBUNG

1950

AKADEMIE-VERLAG · BERLIN

BERICHTE ÜBER DIE VERHANDLUNGEN DER SÄCHSISCHEN AKADEMIE DER WISSENSCHAFTEN ZU LEIPZIG

Mathematisch-naturwissenschaftliche Klasse

Band 98 · Heft 2

E. HEIDEBROEK

ÜBER DIE BEZIEHUNGEN ZWISCHEN SCHMIERUNG UND VERSCHLEISS BEI GESCHMIERTER GLEITREIBUNG

1950

AKADEMIE-VERLAG · BERLIN

Vorgelegt in der Sitzung vom 13. Februar 1950

Manuskript eingeliefert am 22. Februar 1950

Druckfertig erklärt am 14. August 1950

Erschienen im Akademie-Verlag GmbH., Berlin NW 7, Schiffbauerdamm 19

Lizenz-Nr. 156 · 100/35/50

Satz und Druck der Buchdruckerei F. Mitzlaff, Rudolstadt/Thür. (506)

Bestell- und Verlagsnummer 2027/98/2

Preis: DM 2,75

In den s. Zt. herausgegebenen Richtlinien [1][1]) über die begriffliche Abgrenzung der verschiedenen, denkbaren Schmierzustände ist als besonderes Charakteristikum für den Begriff der „Grenzreibung" festgelegt, daß bei den durch sie gekennzeichneten Schmierzuständen die Größe der Reibungskraft bzw. der Verlauf der Kurve der Reibungszahlen von der hydrodynamischen Zähigkeit des Schmierstoffes nicht beeinflußt werde, also hydrodynamischen Einflüssen nicht unterliege.

Diese Definition hat sich sehr bald als nicht ausreichend scharf erwiesen und zu lebhaften Erörterungen geführt. Der Sprachgebrauch der praktischen Technik hat sich dieses Ausdrucks aber bereits im weiten Umfang bemächtigt und bezeichnet damit allgemein diejenigen Schmierzustände, die sich etwa unterhalb des sog. Umkehrpunktes der Reibungskurve nach Striebeck oder in seiner Umgebung abspielen, z. B. dann, wenn die Kurve der μ-Werte nicht unmittelbar in den ansteigenden „hydrodynamischen" Ast der μ-Kurve übergeht, sondern längere Zeit auf einem konstanten Wert beharrt.

Im allgemeinen gehören alle diese Phasen der Schmierung aber noch in das Gebiet des als „Mischreibung" definierten Zustandes, denn es muß zunächst einmal untersucht werden, ob denn in den Versuchen, aus denen solche μ-Kurven gewonnen werden, überhaupt der Zustand der Grenzreibung „rein" erzeugt werden kann. In der übergroßen Mehrzahl der Fälle ist das gar nicht möglich, vor allem, wenn zylindrische Flächen verschiedene Krümmung, sei es mit guter Schmiegung — wie beim

[1]) Die in Klammern angegebenen Zahlen beziehen sich auf das Schrifttumsverzeichnis am Ende des Aufsatzes.

zylindrischen Zapfenlager — oder mit schlechter Schmiegung — wie bei Zahnflanken — aufeinander gleiten oder wälzen. Denn wenn man sich auch vorstellen könnte, daß im engsten Spalt oder in seiner unmittelbaren Nachbarschaft infolge sehr großer Annäherung der Grenzflächen ein Zustand von sog. Grenzreibung auftreten würde, so befinden sich bei ausreichender Schmierung daneben infolge der Spalterweiterung stets Zonen hydrodynamisch normaler Druckwirkung, namentlich an der Anlaufseite.

Man kann also, wenn man die Reibungskraft mißt, diese immer nur als eine Überlagerung von „Grenzreibung" bzw. Grenzschmierung und Vollschmierung feststellen, d. h. also als ausgesprochene „Mischreibung".

Wollte man also den Zustand der Grenzreibung, so wie sie ursprünglich definiert war, gewissermaßen in Reinkultur darstellen, so müßte man dafür besondere Apparate schaffen, bei denen man die zusätzliche Wirkung der angrenzenden Vollschmierung ausschaltet. Das könnte u. U. bei dem Prüfgerät der P.T.R. von Vieweg und Kluge der Fall sein, worüber noch zu sprechen sein wird. Es wirft sich aber dann sofort die Frage auf, ob es Zweck hat, einem solchen Begriff bzw. dem ihm zugeordneten Schmierzustand soviel Beachtung zu schenken, wenn er sich praktisch nicht oder nur mit besonderen Kunstgriffen verwirklichen läßt.

Dagegen kann man einwenden, daß die abstrakte Wissenschaft u. U. solche Vorstellungen und Begriffe einführen muß, wenn sie eine Lücke in der Kette logischer Erkenntnisse zu schließen geeignet sind. So lag ja auch — rein äußerlich — eine gewisse Logik darin, zwischen den physikalisch genauer definierten Zuständen der Mischreibung und der ausgesprochenen Epilamen-Reibung eine Brücke zu schlagen, für die der Ausdruck „Grenzreibung" nicht einmal eine so üble Formulierung darstellt. Die wissenschaftliche Forschung wird sich aber nicht damit begnügen, sondern bemüht bleiben, dem Wortlaut einen Inhalt zu geben. Das führt auf den Kern der Frage, ob die ursprünglich in den Vordergrund gestellte Beziehung zur Zähigkeit des Schmierstoffs wohl eine notwendige, aber zugleich auch eine ausreichende Bedingung sine qua non enthält.

Voraussetzungen für den Zustand „Grenzreibung“

Aus dem Zustand der Vollschmierung kann man durch verschiedene Änderungen der äußerlichen Laufbedingungen zunächst in das Gebiet der Mischreibung und von da in die weiteren Phasen der Grenzreibung bzw. Epilamenreibung übergehen. Die wesentlichen sind nach den Grundregeln der hydrodynamischen Theorie

a) eine Erhöhung der äußeren Belastung

b) eine Verminderung der Relativgeschwindigkeit bis auf kleine und kleinste Werte.

Beide Einflüsse führen zu einer Verengung des Filmes. Außerhalb der hydrodynamischen Regeln, d. h. durch sie bisher noch nicht erfaßbar, liegt die dritte Möglichkeit:

c) Mangel an Schmierstoff, d. h. eine zur Erzeugung der Kontinuums-Strömung nicht ausreichende Zufuhr desselben.

Bei vielen der bekannten Versuche wendet man nur die beiden Mittel zu a und b an; in vielen praktischen Fällen spielt aber auch c eine ausschlaggebende Rolle. Häufig überlagern sich alle drei Ursachen mehr oder weniger. Mit der Steigerung der spezifischen Belastung, z. B. bei Wälzflächen schlechter Schmiegung (Zahnflanken, Wälzlager), kommt man schnell in das umstrittene Gebiet. Neuerdings wendet man aber in der Versuchstechnik auch der Verminderung der Relativgeschwindigkeit, besonders wenn es sich um die Untersuchung der Schmierstoff-Eigenschaften handelt, besondere Beachtung zu. Durch Apparate wie das Gerät von Tränkner, Kluge-Vieweg bei der P.T.R. und Dr. Bartel vom K.W.-Institut für physikalische Chemie kommt man auf Schleichgeschwindigkeiten von Bruchteilen von mm/sec herunter und schließlich wie Bartel bis zur Grenze

Null, d. h. zur Reibung der Ruhe bzw. der sog. Haftreibung. Ob der Kenntnis dieses Wertes — vorausgesetzt, daß man ihn überhaupt exakt definieren kann — eine Bedeutung für die Schmiereignung eines Stoffes zukommt, ist aber noch völlig offen. Der wohl von Dr. Holm in die Debatte geworfene Vorschlag, einfach diesen Wert als „Grenzreibung" zu definieren, führt aber doch von dem eigentlichen Problem der Schmierung zu weit ab, denn das Problem „Schmierung" läßt sich nicht von einer gegenseitigen Relativ-Bewegung der Grenzflächen trennen; ohne sie ist es gar nicht vorhanden.

Grenzflächen-Reibung

Professor Dr. K. L. Wolf, Halle, stellt den Vorschlag zur Erörterung, das, was man bisher als Grenzreibung definierte, bzw. den zugeordneten Schmierzustand als „Grenzflächen-Schmierzustand" zu bezeichnen. Das soll heißen, Grenzflächen-Reibung ist ein Zustand, bei dem Grenzflächen-Einflüsse auf den Ablauf des Schmiervorganges einwirken bzw. ihn irgendwie verändern. Bekanntlich spielt bei der hydrodynamischen Kontinuums-Strömung der Einfluß der Grenzflächen — von ihrer Rauhigkeit abgesehen — keine Rolle. Sind die Voraussetzungen dafür gegeben, so sind die auftretenden Druckzustände, Reibungskräfte und Energieverbrauch mit den mathematischen Hilfsmitteln der Theorie hinreichend genau erfaßbar.

Auf der anderen Seite unterliegt es aber nach den Fortschritten der physikalisch-chemischen Grenzflächenforschung keinem Zweifel mehr, daß von einer bestimmten Annäherung der Grenzflächen ab eine Einwirkung der letzteren auf die Struktur des trennenden Schmierfilms besteht. Wenn auch die unmittelbaren Wirkungen der freien Oberflächen-Valenzen nach der bisherigen physikalischen Anschauung sich nur auf einzelne Molekül-Lagen erstrecken sollen, ist darüber hinaus nach den Versuchen des Verfassers und seiner Mitarbeiter sehr wohl eine viel weitergehende Wirkung auf den *Ordnungszustand* der Molekülgruppen in der Schmierschicht anzunehmen. Eine der sinnfälligsten Demonstrationen dafür ist die durch viele Versuche bestätigte Tatsache, daß bei genau gleichen geometrischen Verhältnissen und gleichem Schmierstoff, bei gleichen Temperaturen die durch den Lagerspalt strömende Ölmenge — die Ölschlüpfigkeit — je nach der vorliegenden Werkstoff-Paarung außerordentlich verschieden ausfallen kann.

Es besteht wohl auch kaum noch ein Zweifel darüber, daß der Schmierzustand z. B. eines Lagers von der jeweiligen Kombination der Werkstoffe der Grenzflächen mit dem Schmierstoff in starkem Maße abhängig ist und daß hierbei die Zähigkeit des letzteren — wenigstens soweit sie durch die üblichen Viskosimeter hydrodynamisch bestimmt ist — nur eine geringe, z. T. gar keine Rolle spielt, sobald der Schmierzustand in das Gebiet der Grenzflächenreibung übergeht.

Hierin hat man nun, in ganz überflüssigem Eifer, einen Gegensatz zwischen der hydrodynamischen und der molekular-physikalischen Betrachtungsweise der Schmiervorgänge festzustellen geglaubt.

In Wirklichkeit handelt es sich darum gar nicht. Es unterliegt keinem Zweifel, daß die richtig verstandenen hydrodynamischen Grundgesetze bis in mikrogeometrische Dimensionen hinein allgemeine Gültigkeit behalten; ebenso steht aber fest, daß sie in diesen Dimensionen nicht mehr rechnerisch erfaßbar sind, und zwar aus folgenden Gründen:

1. Die maßgebende physikalische Größe der Zähigkeit, die aus der Viskosimeter-Messung stammt, bleibt bei starker Grenzflächen Annäherung und Wirkung nicht mehr die gleiche; sie unterliegt starken Änderungen örtlicher und zeitlicher Natur. Selbst wenn man die Bewegungsvorgänge, die innerhalb des engen Spaltes in der Flüssigkeit noch vor sich gehen könnten, noch als „Strömung" betrachten wollte und darum mit logischer Konsequenz folgert, daß sie dann auch von *„der"* Zähigkeit abhängig sein müßten, so ist das eben eine ganz andere Zähigkeit, die man rechnerisch bisher nicht einführen kann, jedenfalls keine wirkliche „Konstante" mehr.

2. Die mikrogeometrische Zerklüftung aller Oberflächen tritt bei den hier in Frage kommenden Abständen der Grenzflächen so sehr in deren Größenordnung, daß von einer Anwendung der Formeln der „glatten“ hydrodynamischen Strömung keine Rede mehr sein kann; auch die starken örtlich bedingten Temperatur-Unterschiede fallen hier ins Gewicht.

Damit fällt aber auch die in den Richtlinien aufgestellte Begriffsbestimmung der „Grenzreibung“ in sich zusammen. Nicht, daß sie von der Zähigkeit an sich unbeeinflußt bleibt, ist das Kriterium, sondern die Tatsache, daß die unterstellte Zähigkeit als eine absolute Konstante zwischen den Grenzflächen nicht mehr existiert, daß es sich somit hier um eine andere Art von „Zähigkeit“ handelt. Zweifellos um eine solche, die außer von der Struktur des Schmierstoffes in hohem Maße von der Natur der angrenzenden Werkstoffe abhängt. Es ist heute wohl nicht mehr unberechtigt, davon zu sprechen, daß für jede Paarung von verschiedenen Werkstoffen, genügende Annäherung der Flächen vorausgesetzt, eine durch sie bestimmte „Grenzflächen-Zähigkeit“ einzuführen ist. Die Tatsache z. B., daß gewisse grenzflächenaktive Molekülgruppen sich an den Metalloberflächen aus der Lösung heraus, in der sie sich bei „regulärer“ Flüssigkeit befinden, anreichern, läßt doch keinen anderen Schluß zu, als daß sich dann die Struktur der sehr dünnen Schicht unter dem Einfluß der Grenzflächen ändern muß.

Zusammengefaßt: Der ursprüngliche Begriff der Grenzreibung (siehe Richtlinien) steht physikalisch auf zu schwachen Füßen. Soll der Begriff A = Grenzreibung ein bestimmt definierter selbständiger Vorgang sein, so ist es unlogisch zu sagen, er sei von der *veränderlichen* Größe B (der Zähigkeit) unabhängig. Die „Reibung“ an sich und damit der Schmiervorgang bleiben zweifellos immer von B (d. h. irgendeiner Art von Zähigkeit) abhängig, solange innere Flüssigkeitsreibung auftritt.

Ob man das dann noch als „hydrodynamisch“ deuten will, bleibt nebensächlich, wenn man bedenkt, wie wenig wir von diesen Zusammenhängen erst wissen und wie wir ihnen noch viel weniger mit hydrodynamischen Rechnungen beikommen können.

Es handelt sich hier, da die Natur ja zu schroffen Unstetigkeiten im Übergang zwischen physikalischen Zuständen keine Berechtigung gibt, um einen Übergangszustand, der zwischen flüssig und starr, d. h. im Gebiet der sog. plastischen Struktur zu suchen wäre.

Diese Überlegungen laufen also darauf hinaus, ob man die Bezeichnung: „Grenzreibung" rein philologisch beibehalten kann. Dann muß man ihr aber nach Auffassung des Verfassers eine andere Deutung geben, nämlich analog dem Vorschlag Wolf: Grenzflächenreibung oder besser: „durch Grenzflächen-Wirkung beeinflußte Reibung" und die Beziehung zur Zähigkeit unbeachtet lassen. Die Unabhängigkeit von der letzteren ist also weder eine notwendige noch eine ausreichende Bedingung für den Begriff der Grenzreibung.

Es ist aber nötig, den von der Phase „Grenzreibung" umschlossenen Bereich auch nach der anderen Seite hin abzugrenzen. Wir definieren zu diesem Zweck weiter: Grenzreibung ist einem solchen Schmierzustand zugeordnet, bei dem sich die eigentlichen Reibungsvorgänge, wiewohl indirekt über eine Struktur-Änderung der Flüssigkeit beeinflußt, noch völlig *im Inneren* der Flüssigkeit abspielen, d. h. in derjenigen Art der inneren Flüssigkeitsreibung, die wir nach dem Ansatz von Newton als Schubspannungen ansprechen.

Oder anders ausgedrückt: Es treten im Gebiet der Grenzreibung noch keine direkten Einwirkungen molekularer Art zwischen den festen Grenzschichten bzw. deren kleinsten Teilen aufeinander durch die Flüssigkeitsschicht *hindurch* auf, sondern nur in die Flüssigkeitsschicht *hinein*.

Bei noch weitergehender Verengung der Zwischenschicht tritt dann die als „Epilamen-Reibung" nach Dr. Holm [2] bezeichnete Reibungsphase ein. Hierbei hat man es nach Holm mit einer adsorbierten Deckschicht von nur einer bzw. einzelnen Moleküllagen zu tun.

Das Wesen der Reibung zwischen festen Körpern

Unter dieser Überschrift hat uns Dr. HOLM eine höchst anschauliche Definition des Reibungsvorganges vorgelegt [3]. Wegen der Einzelheiten muß auf die zitierte Schrift verwiesen werden. Ihr wesentlicher Kern beruht darin, daß beim Abgleiten zweier Oberflächen die vorübergleitenden Oberflächen-Atome des einen Körpers in das Kraftfeld eines gegenüberliegenden Atomes der anderen Oberfläche geraten und dabei dessen Kraftfeld verzerren, bis sie in den Bereich des nächsten Atoms geraten usw. (vgl. Abb. 1).

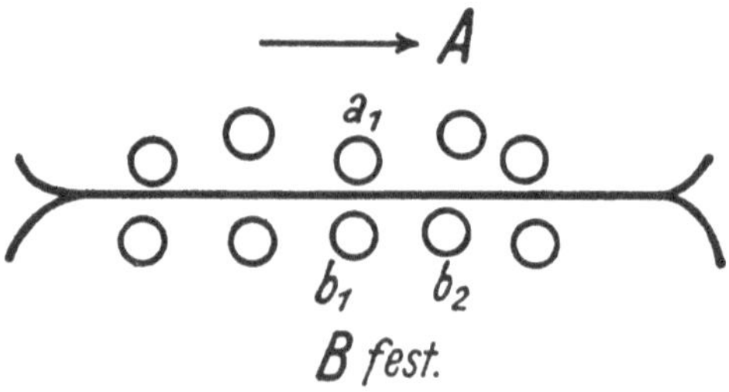

Abb. 1

Durch die große Zahl solcher Verzerrungsschritte entsteht nach HOLM eine Reibungsarbeit, die weit größer ist als diejenige, die durch das gedachte Abbröckeln von Teilchen entstehen könnte.

Reibung fester Körper gegeneinander ist also im wesentlichen die Summe aller atomaren Verzerrungsarbeiten der Kraftfelder der bei festen Körpern sonst im Gleichgewichtszustand ruhenden Oberflächenatome.

Es erscheint die Annahme berechtigt, daß beim Vorhandensein einer adsorbierten Epilamenschicht von der angegebenen einmolekularen Stärke dieser verzerrenden Wirkungen der Kraftfelder sich durch das Epilamen hindurch, wenn auch in mehr oder weniger abgeschwächter Stärke, äußern. Wir hätten es also hier mit einer Reibungsphase zu tun, die man zweckmäßig als „Kontaktreibung" bezeichnen könnte und finden dadurch einen stetigen Übergang von der oben definierten Grenzreibung (Reibungsvorgänge nur *innerhalb* der Flüssigkeitsschicht) zur mehr oder weniger ausgesprochenen Kontaktreibung, d. h. Reibungskontakt zwischen den festen Oberflächen. Daraus erklärt sich zwanglos die Zunahme der Reibungszahlen in der Größenordnung von 0,001—0,05 bei voller flüssiger Reibung, von 0,02 bis etwa 0,2 bei Grenzreibung ohne Kontakt und von 0,2—0,5 bis = 1 bei Kontaktreibung.

Neue Begriffsbestimmung der Reibungsphasen

Wenn irgendwo in den Naturwissenschaften, so können aus allgemeinen Stetigkeitsbetrachtungen in dem hier vorliegenden Falle keine Begriffe eingeführt werden, die sprunghaften Wechsel oder scharfe Abgrenzungen vortäuschen. Macht man sich die oben erläuterten Vorstellungen zu eigen, so kommt man zwanglos zu folgender Begriffs-Einteilung:

Schmierzustand	Träger der Reibung	Zähigkeits-Einfluß
I. Flüssige Reibung .	Innere Flüssigkeitsreibung ohne Grenzflächen-Einwirkung	Viskosimetrische Zähigkeit maßgebend
II. Grenzreibung . .	Innere Flüssigkeitsreibung mit Grenzflächen-Einwirkung	Zähigkeit unbestimmbar veränderlich
III. Kontaktreibung .	Oberflächen-Kontakt der festen Grenzkörper durch Verzerrung der Kraftfelder der Grenzflächen-Atome	Zähigkeit ohne Bedeutung, dagegen Einfluß des Epilamens
I/II. Mischreibung . .	Örtliche bzw. zeitliche Überlagerung von I und II	

Somit ist der Begriff der „Grenzreibung" dadurch definiert, daß er an der einen Seite in die volle Flüssigkeitsreibung, an der anderen in die nur von den festen Grenzkörpern durch atomare Wirkung hervorgerufene Kontaktreibung übergeht. Sie liegt also tatsächlich auf der Grenze zwischen 2 physikalisch definierten Grund-Zuständen, nämlich der vollen Flüssigkeit der Trennschicht und der Starrheit der die Kontaktreibung tragenden festen Grenzoberflächen.

Es liegt also nach Ansicht des Verfassers kein Grund vor, das Wort „Grenzreibung" — philologisch betrachtet — durch ein anderes zu ersetzen.

Ich halte es auch nicht für zweckmäßig, die Trennung der einzelnen Reibungsphasen auf bestimmte Teile der Stribeck-Kurve zu beziehen, insbesondere auf den sog. Umkehrpunkt (vielfach fälschlich als Ausklink-Punkt bezeichnet). Ob ein solcher ausgesprochener Umkehrpunkt überhaupt erscheint, ist lediglich eine Frage des Maßstabs der v-Abszisse. Wählt man diesen genügend groß, d. h. arbeitet man mit sehr kleinen Geschwindigkeits-Abstufungen, so bildet sich vielfach gar kein ausgesprochener Umkehrpunkt aus, sondern allmähliche Übergänge mit flachen Stücken, die sich über einen erheblichen Geschwindigkeits-Bereich erstrecken. Dies tritt sowohl bei gewissen Schmierstoffen wie bei bestimmten Werkstoff-Paarungen auf.

Verschleißreibung

Man darf sich aber weiterhin nicht dahin täuschen, daß eine ausreichende begriffliche Trennung der Schmierzustände nur durch die im vorigen Abschnitt eingeführten Parameter erfolgen könne. In Wirklichkeit wird der Reibungszustand mindestens noch durch zwei weitere Einflüsse grundlegend bestimmt, nämlich einmal durch die technische *Rauigkeit* der Oberflächen, sodann durch das Auftreten oder Nichtauftreten von *Abrieb* (Verschleiß!).

Die Rauigkeitsunterschiede der Grenzflächen sind bei den in den einzelnen Fällen technisch und wirtschaftlich vertretbaren Bearbeitungsverfahren ganz außerordentlich groß und wirken sich auf die Reibungszahlen in Unterschieden aus, die weit über eine Zehnerpotenz hinausgehen, gleichen Schmierstoff vorausgesetzt.

Im Vordergrund des Interesses steht aber die Frage, ob nicht durch das Auftreten von Abrieb oder Verschleiß die Schmierzustände grundlegend beeinflußt werden können, man also die Schmierung ohne Verschleiß von derjenigen mit Verschleiß grundsätzlich unterscheiden muß. Bekanntlich ist ja ideell die Aufgabe jeder technischen Schmierung in der Verhütung von Abrieb überhaupt zu sehen, d. h. im Ersatz der Kontaktreibung durch die vielfach geringere innere Flüssigkeitsreibung der Schmierschicht.

In der technischen Praxis ist aber in ungezählten Fällen mit Schmierzuständen zu rechnen, bei denen die Voraussetzungen für eine genügend flüssige Schmierung gar nicht gegeben sind, weil es sich konstruktiv nicht einrichten läßt, eine kontinuierliche Strömung des Schmierstoffes zur Schmierstelle zu gewährleisten. Man rechnet dann mit dem Verschleiß als einer unvermeidbaren Erscheinung und schiebt dem Schmierstoff die Aufgabe zu, diesen Verschleiß in einer tragbaren Größenordnung zu halten.

Es tritt also das Problem der sog. „Verschleißfestigkeit“ der Schmierstoffe auf, und zwar in einem solchen Maße, daß man die Beurteilung der Schmierstoffe neuerdings mehr nach ihren verschleiß*mildernden* als nach ihren verschleiß*verhütenden* Eigenschaften einzustufen sucht. Eine große Zahl der neuerdings benutzten Ölprüfgeräte sind nichts anderes, als reine Verschleiß-Prufgerate. Man hat im Zusammenhang damit den Begriff der „Verschleißreibung“ als einer besonderen Phase der Reibung geprägt [4].

Inwiefern kann nun ein auftretender Abrieb auf den Schmierzustand einwirken?

Einmal dadurch, daß der Schmierstoff durch die kleinsten Teile des abgeriebenen Werkstoffs verunreinigt wird. Das bedeutet in vielen Fällen, daß diese u. U. staubförmigen Teile kolloidal im Schmierstoff schwimmen und ihm dadurch eine geänderte Struktur-Viskosität aufzwingen. Dem kann man nur teilweise durch Filterung begegnen.

Weiter kann aber der Abrieb zu erhöhtem Energie-Verbrauch und damit zu einer erhöhten Wärmeentwicklung führen.

Endlich bewirkt ein gesteigerter Abrieb oft so weitgehende Formänderungen an den betroffenen Teilen, daß dadurch der normale Ablauf der Schmierung durch Ölverluste, zu große Spielerweiterungen usw., völlig gestört wird.

Auch gradweise kann der Verschleiß sehr verschieden auftreten. Man spricht von „Abrieb", einer leichten und gewissermaßen stetigen Form des Verschleißes; von anderer Seite wird der Verschleiß als ein Ausbrechen von gelockerten Oberflächenteilchen angesehen, das namentlich beim Auftreten von starken spezifischen Pressungen infolge Werkstoff-Ermüdungen eintreten kann, aber zweifellos von unregelmäßiger Natur ist. Auch dem Schmierstoff fällt dabei eine Mitwirkung durch Sprengwirkung infolge Eindringens von Schmierstoff unter Druck in die Lockerstellen des kristallinen Gefüges zu. Manche Forscher wie Stuart Way gehen überhaupt von der Anschauung aus, daß ohne Anwesenheit von Öl die sog. Pittings-Bildung nicht erklärbar sei. Die Abreißversuche im Laboratorium des Verfassers [5] lassen das Auftreten von intermolekularen Zugspannungen im Öl als eine denkbare Ursache des Ausbrechens von kleinen Kristall-Teilen dann als möglich erscheinen, wenn die Abreißvorgänge, wie z. B. beim Abwälzen von Zahnflanken, in der Totlage von Motorkolben usw. mit hoher Frequenz vor sich gehen und dabei durch den periodischen Wechsel von Zug- und Druckspannungen (Kontakt-Zustand) zu einer Werkstoff-Ermüdung führen.

Auch Kavitations-Wirkungen bei plötzlichem Druckabfall im Ölfilm bis in das Gebiet der Luftleere sind in gewissen Fällen durchaus vorstellbar.

Die Erscheinungsformen des Verschleißes sind also denkbar vielseitig. Ihre gröbste Auswirkung zeigen sie in Verbindung mit den örtlich auftretenden Temperatur-Spitzen in der Gestalt von Verschweißungen kleinerer und gröberer Teile; diese Zone bezeichnet man wohl zweckmäßig als „fressenden Verschleiß“. Er führt in vielen Fällen zum völligen Zusammenbruch des Schmiervorganges. Bei allen diesen Verschleißvorgängen können mehr oder weniger alle früher gekennzeichneten Phasen der Schmierung zeitlich oder örtlich nacheinander durchlaufen werden.

Stationärer und turbulenter Verschleiß

Durch die sehr gründlichen Untersuchungen von Dr. EICHINGER [6], SIEBEL und BROCKWITZ [7] u. a., insbesondere durch die angezogenen Arbeiten von HOLM sind sehr wesentliche Erkenntnisse über das Wesen des Verschleißes an geschmierten Flächen zutage gefördert worden. Die Arbeiten von Eichinger zeigen

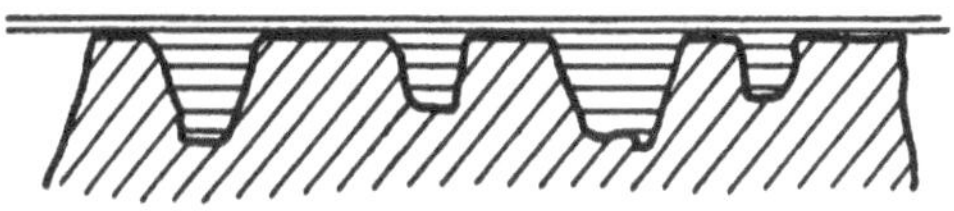

Abb. 2

unwiderleglich, daß es eine absolute „Verschleißfestigkeit“ eines Schmierstoffes ebensowenig gibt, wie diejenigen eines bestimmten festen Werkstoffes, sondern daß die Auswirkungen, ähnlich wie bei dem undefinierbaren Begriff der „Schmierfähigkeit“ einerseits von der Kombination bzw. Paarung der Werkstoffe mit dem Schmierstoff, andererseits der örtlichen Form der Angriffsstelle abhängen.

Aus den Kreuzdrahtversuchen von HOLM gewinnen wir die Erkenntnis, daß der Energie-Verbrauch beim Abtragen kleinster Oberflächenschichten durch Abscheren, Verdampfen oder dgl. in atomarer Größe gegenüber dem Energieverbrauch der Kontaktreibung ganz in den Hintergrund tritt. Wir verdanken ihm auch die sehr anschauliche Vorstellung des „Tafelgebirges“ (Abb. 2), wonach nach Abtragung der äußersten Spitzen sich der Traganteil der Oberfläche so lange vergrößert, bis sich durch die Vergrößerung desselben eine Art Gleichgewichtszustand herausbildet, weil die spezifische Pressung sich im umgekehrten Verhältnis zur Tragflächen-Größe verkleinert und nun zwischen den so gebildeten Tragflächen jeweils die eine oder andere Phase des Schmiervorganges sich ausbilden kann, von voller Flüssigkeitsreibung über die Grenzreibung bis zum Auftreten von Abrieb, je nachdem wie sich Belastung, Geschwindigkeit und Temperatur einspielen.

Daß in den Talsenken des Gebirges sich Ölvorräte aufstauen können, darf dabei nicht übersehen werden.

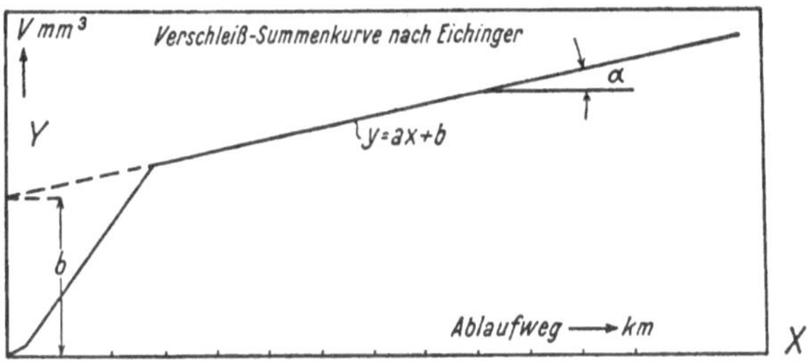

Abb. 3

Man kann sich also sehr wohl vorstellen, daß bei andauerndem Abgleiten sich eine „stationäre" Form des Abriebes einstellt.

Zu diesem Begriff, der im Gegensatz steht zu einer unstationären oder turbulenten Verschleißform, gelangt man aber auch durch folgende abstrakte Überlegung.

Bei vielen aus dem Schrifttum bekannten Verschleißversuchen ergibt sich, wenn man die absoluten Gewichte oder Volumina des abgetragenen Werkstoffs als Ordinate zu dem bei konstanter Gleitgeschwindigkeit zurückgelegten Gleitweg als Abszisse austrägt, die Kurve des abgetragenen Abrieb-Volumens als eine ansteigende Gerade von der Gleichung $y = ax + b$ (Abb. 3). Das bedeutet, daß in diesen Fällen der Abrieb stetig mit dem Gleitweg oder, was dasselbe ist, mit der Zeit zunimmt.

Man kann aber daraus als neue Größe den „spezifischen Verschleiß“ ableiten, wenn man beide Seiten der Gleichung durch x dividiert, wodurch sie die Form

$$y' = \frac{y}{x} = a + \frac{b}{x}$$

annimmt. Setzt man y′ = V′ und x = s, so ist

$$V' = a + \frac{b}{s}$$

der *spezifische*, d. h. auf die Einheit des Abriebweges „bezogene“ Verschleiß. Seine Gleichung ist die einer gleichseitigen Hyperbel

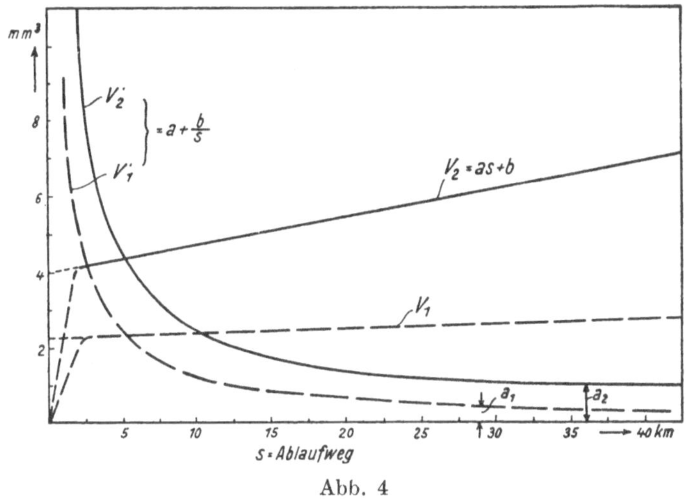

Abb. 4

(Abb. 4). Diese ergibt für s = o V′ = ∞ und für s = ∞ V′ = a, d. h. V′ läuft asymptotisch auf einen Endwert a zu. a = tg. α drückt das Steigungsverhältnis der Messungsgeraden für V in Abb. 3 aus. Für a = o, d. h. eine Verschleißgerade ohne Anstieg bzw. ohne zeitliche Änderung des Anstiegs-Verschleißwertes, würde die V′-Kurve nach der Abszissenachse auslaufen. Praktisch entspricht einem derartigen Kurvenverlauf ein Vorgang, bei dem nur in der Einlaufperiode ein gewisser

Anfangs-Verschleiß auftritt, sich dann aber nicht mehr fortsetzt. M.a.W., das Tafelgebirge der Oberflächenrauhigkeit hat sich soweit abgeschliffen, daß die Schmierung in einer der eigentlichen Schmierphasen: Flüssigkeits-, Misch- oder Grenzreibung ohne Abrieb funktioniert.

In Abb. 4 sind für 2 Kunstharzpreßstoffe 1 und 2 Verschleißwerte aufgetragen, die im Dauerversuch auf einem Verschleiß-Prüfgerät ähnlich dem von Eichinger vorgeschlagenen aufgenommen wurden, und zwar einmal der Gesamtverschleiß $V = as + b$, sodann die zugeordneten „spezifischen" Verschleißwerte V'.

Man könnte vielleicht daran Anstoß nehmen, daß die hier für Dauerversuche gezeigte Verschleißgerade nicht durch den Nullpunkt geht, wenn man sie bis zur Verschleißdauer Null extrapoliert. In Wirklichkeit muß vor jeder solchen Stetigkeits-Geraden ein Kurvenstück mit steilem Abfall auf Null liegen, das der Einlaufperiode entspricht, d. h. einem unregelmäßigen, aber sehr hohen Verschleiß [6].

Diese Gegenüberstellung soll zunächst nur qualitativ gewertet werden. Sie besagt: verläuft die Verschleißsumme in ccm über der Zeit bei konstanter Gleitgeschwindigkeit nach einer steigenden Geraden, so muß ihr ein spezifischer Verschleiß zugeordnet sein, der im Anfang des Verschleißvorganges zu sehr hohen Werten tendiert und sich hyperbelartig in einen mehr langgestreckten, allmählich angenähert geradlinigen Ast ausläuft.

Je kleiner der Verschleiß — als Summenwert — desto steiler der Abfall aus dem — theoretisch unendlich großen — Anfangswert und umgekehrt. Die Kurve des spezifischen Verschleißes gibt also eine deutlichere Charakteristik des Verschleißvorganges als die des absoluten Wertes. Sie bringt ferner in mathematischer Form die Existenz und Notwendigkeit eines „Einlauf-Stadiums" mit sehr hohem spezifischen Verschleiß zum Ausdruck.

Die Anfangswerte eines solchen Versuches sind oft nicht genau aufzunehmen; man bemerkt dabei Streuungen und Sprünge, namentlich in den zugehörigen Reibungswerten. Man hat es also in diesem Anfangstadium mit einer Zone diskontinuierlichen oder turbulenten Verschleißes zu tun, die schwer reproduzierbar, aber aus der unregelmäßigen Struktur des Anfangszustandes des Oberflächen-Gebirges leicht zu erklären ist.

Ein Beharrungszustand für die Messung des spezifischen Verschleißes wird immer erst nach einer längeren Anfangszeit hergestellt, die um so weiter sich ausdehnt, je größer der absolute Verschleiß an sich ist.

Wohl verstanden: Dieser Verlauf der absoluten oder spezifischen Verschleißkurve ist zweifellos durch die gewählte Apparatur bedingt. Es kommen für diese Belastungsweise nur solche Geräte in Frage, bei denen sich stetige Verschleißkurven dieser Art gewinnen lassen. Daraus folgt weiter, daß Verschleißmessungen nur dann zu grundsätzlichen Folgerungen über das Verhalten der vorliegenden Werkstoff-Paarungen (im vorliegenden Fall Stahlwelle gegen Kunstharz-Platte mit Schmierung) oder des Schmierstoffes berechtigen, wenn sie über genügend lange Zeitdauer bzw. einen entsprechend langen Verschleißweg so lange ausgedehnt werden, bis sich ein wirklicher Beharrungszustand herausbildet.

Umfassen sie dagegen nur einen kurzen Bereich aus dem steil abfallenden Ast der spezifischen Kurve, so sind sie wegen der starken Veränderlichkeit des spezifischen Verschleißwertes als Funktion des Weges bzw. der Zeit unsicher und von vornherein mit starken Streuungen behaftet. Für die Beurteilung der sog. Verschleißfestigkeit einer Paarung können aber nur die Ergebnisse aus dem stationären Bereich herangezogen werden. Der steil abfallende Ast gibt höchstens ein Bild von der Intensität und Dauer des *Einlaufvorganges*.

Diese Erkenntnisse scheinen besonders wichtig, wenn es sich um die Anwendung eines solchen Gerätes zur *Ölprüfung* handelt, d. h. um den Vergleich verschiedener Schmierstoff-Arten bei gleicher Metall-Paarung oder gleicher Schmierstoffe bei verschiedener Metall-Paarung. Sie erscheint auch besonders wichtig, um den Übergang zwischen den einzelnen Schmier-Phasen von der verschleißfreien Reibung in die Grenzreibung und dann weiter in die Kontaktreibung unter technischen Vorbedingungen, z. B. mit Veränderung der Belastungen, Geschwindigkeiten und Temperaturen aufzuklären. Je nach dem Schmiegungsverhältnis der angewandten Metallkörper können dabei die Verhältnisse sowohl der Zapfenreibung in der zylindrischen Schale wie auch zwischen Wälzkörpern schlechterer Schmiegung einbezogen werden. Es handelt sich dabei um der Wirklichkeit nahekommende statistische Modellversuche, die zwar zeitraubend, aber sonst einfach sind. Eine Zeitersparnis läßt sich u. U. durch Parallel-Lauf verschiedener Rollen auf einer Welle erzielen. Für die Praxis kommt es in jedem Falle auf einen wirklichen Beharrungszustand an; Momentaufnahmen haben wenig Wert.

Kritik der Ölprüfgeräte mit Verschleißwirkung

Eine besondere Bedeutung kommt im gegenwärtigen Zeitpunkt der Untersuchung von sog. Hochdruckölen bzw. solchen mit Zusätzen chemischer Art versetzten Ölen zu, denen man eine verschleißmindernde Wirkung zuspricht, wobei aber vielfach die Frage völlig offen ist, ob diese Wirkung nur eine vorübergehende, nur auf die Einlaufperiode ausgedehnte oder eine dauerhafte ist und ob sie sich in Abhängigkeit von der Metallpaarung ändert.

Es sollen im folgenden eine Reihe der z. Zt. am meisten angewandten Prüfgeräte dieser Art daraufhin besprochen werden, ob ihre Arbeitsweise als in das Gebiet des stationären oder des turbulenten Verschleißes fallend anzusehen ist. Damit soll nicht von vornherein die Brauchbarkeit dieser Apparate für ganz bestimmte Aufgaben in Frage gestellt, wohl aber eine sinngemäße Einschränkung des Gültigkeitsbereiches ihrer Ergebnisse im Hinblick auf allgemeine Schlußfolgerungen angestrebt werden. Die Wirkungsweise der besprochenen Apparate wird als bekannt vorausgesetzt.

1. Der Vierkugel-Apparat nach Boerlage

Gemessen wird im wesentlichen die Zeit, die vergeht, bis die aufeinander gleitenden Kugeln Freßreibung erscheinen lassen. Bei der sehr hohen spezifischen Belastung in Gestalt von Hertzschen Pressungen verläuft der Versuch nur kurzzeitig, d. h. im Gebiet der Einlaufvorgänge. Es schleifen sich engbegrenzte Einlaufflächen an; ein stationärer Verschleißvorgang wird bestimmt nicht erreicht. Kleine Unterschiede in den Dimensionen und im Bearbeitungszustand der Kugeln können die Unstetigkeit der Reibungsverhältnisse verstärken.

Die Klassifizierung der damit untersuchten Öle kann über die Bewährung in stationären Verschleißzuständen nicht viel aussagen, sondern nur unter den extremen Belastungsverhältnissen des Apparates und nur für die Paarung Stahl auf Stahl.

Daß bei vielen Messungen erhebliche Streuungen auftreten, kann nicht wundernehmen.

2. Die Almèn-Wieland-Maschine

Hier werden 2 zylindrische Backen gegen eine sich langsam drehende Welle gepreßt und die Belastung stufenweise gesteigert, bis Fressen eintritt. Die Zahl der als Belastung aufgelegten geeichten Platten gilt als Maßstab für die „Druckfestigkeit“ des untersuchten Öles. Verschleiß wird nicht gemessen; die Art der Schmierung und des Einklemmens der Welle kopiert eher eine Bremsvorrichtung als eine Lagerung. Über die Verschleißfestigkeit des Öles in der Paarung Stahl auf Stahl sagen die Versuche nichts aus. Der auftretende Verschleiß ist zweifellos nicht stationär.

3. Die Kettenmaschine der I.G. Farben, Technischer Prüfstand Oppau

Eine feingegliederte Kette aus relativ weichem N.E.-Metall wird mit Spannung um eine sich drehende Stahlscheibe, die in ein Ölbad taucht, geschlungen und die durch das Reibungsmoment der Kette gegen die mitnehmende Stahlscheibe erzeugte Spannungserhöhung gemessen. Die so gewonnene Reibungskurve dient als Vergleichswert der Öle bei verschiedenen Belastungen, Temperaturen und Geschwindigkeiten.

Die gerundeten Kettenglieder schleifen sich bei dieser Betriebslage an der Stahlscheibe an vielen Stellen, und zwar verschiedenen, an; die Angriffsstellen wechseln dauernd, und es tritt offenbar ein Verschleiß auf, der sich aus vielen Einzelangriffen zusammensetzt, aber nicht gemessen wird und auch kaum gemessen werden könnte.

Da hierbei zahlreiche kleine Berührungsstellen in den verschiedensten Lagen zur Scheibe angegriffen werden, auch unter unterschiedlichen Anpreßdrücken und Schmierzuständen, kann von einer stationären Verschleißlage kaum gesprochen werden, sondern nur von einer Integration sehr vieler unter sich nicht gleichen Schmiervorgänge, die unter hohen örtlichen Pressungen und daher offenbar unter wechselndem Verschleiß stehen. Da dieser als solcher nicht gemessen wird, eine längere Versuchsdauer auch nicht angängig ist, kann nicht festgestellt werden, ob der offenbar vorliegende Abrieb in die Zone des stationären Verschleißes fällt oder kontinuierlich verläuft. Wahrscheinlich ist das Letztere, zumal der Gleitvorgang zwischen den Anlagepunkten der einzelnen Kettenglieder ständig unterbrochen wird.

Dagegen ist es wohl möglich, däß die *Reibungs*-Messungen reproduzierbare Werte ergeben, weil die Summierung der zahlreichen Einzel-Reibungsvorgänge im ganzen immer ziemlich gleichartig ausfallen wird. Eine genauere Charakterisierung der Reibungsart ist aber kaum möglich.

Die unter 1—3 besprochenen Geräte arbeiten also wohl unter Verschleißreibung, aber ohne eigentliche Messung des Abriebvolumens; es kann also auch die Grenze zwischen verschleißbehafteter und verschleißfreier Reibung ebensowenig bestimmt werden wie die Art des Verschleißes.

4. Das Schleifstift-Gerät der I. G.-Farben, Technischer Prüfstand Oppau

Gegen ein sorgfältig geglättetes oder nach Bedarf auch aufgerauhtes Stahlband gleitet die Spitze eines kegelförmigen Stiftes unter einem bestimmten Anpreßdruck. Hier wird sowohl die Reibungskraft wie das Verschleiß-Volumen gemessen; letzteres an der Verkürzung des Schleifstiftes. Um hier deutliche Meßwerte zu bekommen, muß der Verschleiß durch entsprechenden Anpreßdruck relativ hoch bemessen werden. Es bilden sich also ständig und relativ schnell hintereinander am Stift neue Trennflächen, die schnell in der Achse des Stiftes fortschreiten. Es liegt die Annahme nahe, daß diese Abrieb-Vorgänge sich noch sämtlich in einem nicht stationären Gebiet abspielen, zumal, wenn der Verschleißstift kegelförmig ausgebildet ist, die Schleiffläche sich also auch in ihrer Größe ständig ändert.

Das Verhältnis der in der Zeiteinheit abgeriebenen Verschleißmenge zu der an der Schleiffläche betroffenen Ölmenge dürfte relativ groß ausfallen, daher eine erhebliche Verunreinigung des Ölfilms durch Abrieb erfolgen. Bei der Größe des Scheibendurchmessers im Verhältnis zur Schleiffläche des Stiftes kommt dieser praktisch mit immer neuen Stellen des Bandes in Kontakt oder jedenfalls erst nach längerem Zwischenraum wieder mit der gleichen Stelle. Auch das erschwert das Entstehen eines wirklich stationären Verschleißzustandes. Noch mehr aber die Tatsache, daß die Scheibe nicht mit konstanter Geschwindigkeit gegenüber dem Stift gedreht wird, sondern mit sinusartiger Pendelbewegung. Es treten also die verschiedensten Schmierphasen von der flüssigen bis in die Grenzreibung nacheinander auf.

Immerhin bietet dieses Gerät schon gewisse Möglichkeiten nach der gewünschten Richtung, nur wird es schwer halten, die Anpreßdrücke soweit herabzusetzen, daß noch genügend kleine Abriebschichten in erträglichen Zeiträumen gemessen werden können. Auch können die Schmiegungsverhältnisse nicht geändert werden.

Bei den bisher vorliegenden Messungen werden in etwa 10 min Stiftverkürzungen von 2—4 mm erzielt. Eine so stark in die Tiefe gehende Abnutzung hat mit technischem Verschleiß nichts mehr gemein. Man stelle sich einmal vor, daß irgendein Maschinenteil in 10 min sich um 2 mm abnutzen würde. Das ergibt ganz unmögliche Zustände, d. h. es handelt sich hier gar nicht mehr um Verschleiß, sondern um einen spanabhebenden Vorgang, in diesem Fall um das Abschleifen eines Stiftes durch eine Schleifscheibe aus Stahl. Wenn man also aus einem solchen Versuch Ölvergleiche ableiten will, so haben die mit Schmierung überhaupt nichts mehr zu tun, sondern gehören in die Schleiftechnik, ähnlich wie die Versuche, die man bei schneidenden Werkzeugen mit schmierenden Kühlflüssigkeiten anstellt.

Derartige Vorgänge des Spanabhebens noch als „Grenzreibung" zu bezeichnen, ist völlig abwegig.

5. Das Nadel-Gerät der P.T.R. nach Vieweg - Kluge

Hier arbeitet die abgeflachte Spitze einer dünnen Nadel, die in der Regel aus Stahl besteht, gegen eine sich drehende, ortsfest gelagerte, ebene Scheibe. Gemessen werden in der Hauptsache die Reibungswerte als Funktion der Gleitgeschwindigkeit und der Abrieb der Nadel. Das Gerät zeichnet sich durch eine außerordentlich entwickelte Präzision der Messungen aus. Die bei der geringen Dimension der Gleitfläche gegebene Flächenpressung verschiebt den Versuch in ein Gebiet, bei dem an sich Verschleiß zu erwarten ist. Durch ein von der P. T. R. entwickeltes besonderes Bearbeitungsverfahren der Scheibe, die nicht hochglanzpoliert ist, sondern einen sehr gleichmäßigen feinkörnigen Rauhigkeitsgrad aufweist, gelingt eine sehr gute Reproduzierbarkeit der Messungen, wenn die Schmierung nur durch sanftes Anfeuchten der Lauffläche mittelst eines Lappens erfolgt. Die Meßdauer ist dabei so kurzfristig, daß in der Beobachtungszeit die Oberflächen-Zustände der Scheibe sich nicht fühlbar zu verändern scheinen; länger dauernde Versuchszeiten scheinen aber nicht möglich. Dagegen ergeben Verstärkungen der Ölschicht Veränderungen in den Meßwerten.

Man kann also das Wesen des Apparates vielleicht dahin definieren, daß es bei bestimmten Vorsichtsmaßregeln bei den Versuchen gelingt, den Zustand der „Grenzreibung", so wie er durch die ursprüngliche Definition (siehe Eingang) charakterisiert ist, *vorübergehend* gewissermaßen in „Reinkultur" herauszuarbeiten, womit sich natürlich die Abweichung von den praktisch wirklich vorliegenden Laufbedingungen von selbst ergibt.

Werden damit die Verschleißgrößen über die Verkürzung der Nadel gemessen, so gilt dafür das gleiche wie bei dem vorher besprochenen Apparat. Schon bei ganz kurzen Meßwegen (30—40 m) ergeben sich in kurzer Zeit so in die Tiefe wirkende Abtragungen, daß wir es nicht mit Verschleißreibung im eigentlichen Sinne, sondern mit spanabhebendem Abschleifen einer Metallnadel durch eine planwirkende Schleifscheibe zu tun haben. Man kann also auch hierbei weder von Grenzreibung noch von irgendeiner anderen der vorgesehenen Schmierphasen sprechen; es hat also auch keinen Zweck, daraus Folgerungen über das vergleichsmäßige Verhalten der untersuchten Öle (außer bei Schneidvorgängen) für eigentliche Schmieraufgaben zu ziehen. Die thermischen Beanspruchungen des Schmierstoffes müssen dabei außerordentlich hoch sein; für ihr Verhalten ist ihre Kühlwirkung, ihre Verdampfungstemperatur und ihre Aktivität gegenüber den stets sich neu bildenden „frischen" Metallflächen maßgebend; alles das zusammen tritt aber natürlich hinter den Verspahnungseigenschaften der angepreßten Metalle weit zurück. Die Versuchsergebnisse sind daher in erster Linie metallabhängig und nur sekundär ölabhängig.

Die Klassifizierung der damit untersuchten Öle erfolgte im wesentlichen hinsichtlich des gegen Null hin steigenden oder fallenden Charakters der μ-Kurve. Die letztere zeigt sich vorwiegend bei fetten Ölen, d. h. solchen mit stark grenzflächigen-aktiven Bestandteilen. Ähnliche Verschiedenheiten ließen sich übrigens auch am Tränkner-Apparat verdeutlichen [8] (vgl. Abb. 5).

Hinsichtlich des Verschleißverfahrens haben die Bearbeiter bei der P. T. R. bisher den Grundsatz herausgestellt, daß die Öle mit gutem Schmierverhältnis in der Mischreibung höheren

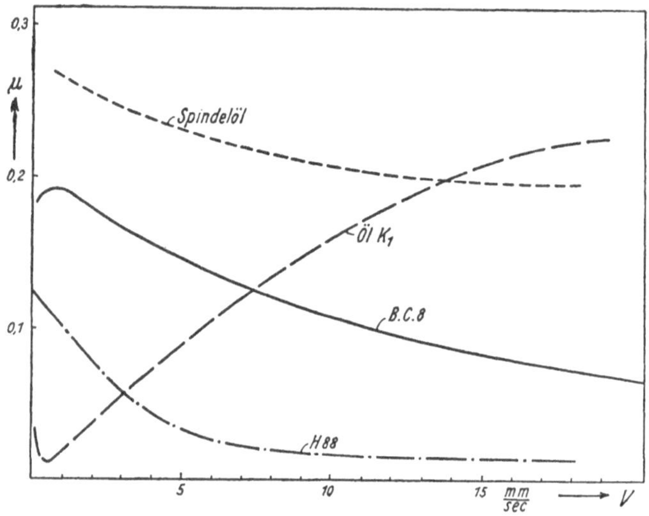

Abb. 5

Verschleiß als die anderen ergeben oder daß, umgekehrt ausgedrückt, fette Öle und solche mit stark grenzflächen-aktiver Wirkung, die einen relativ niedrigen Reibungswert haben, größeren Abrieb erwarten lassen als Öle höherer Reibung. Ob dieser vorläufigen Feststellung bei der Vielfältigkeit des Verschleißproblems eine allgemeine Bedeutung zukommt, bleibt abzuwarten. Die Art des Abriebs, die schnell in die Tiefe fortschreitet, gehört aber offenbar in das nicht stationäre Gebiet und ist in seiner Größenordnung labil. Für praktische Schmier- und Abriebvorgänge ist ein relativ so schnelles Fortschreiten in die Tiefe wie bei der Nadel überhaupt außerhalb jeder praktischen Möglichkeiten.

Die hohe Konstanz der Meßergebnisse ist zweifellos durch die geringe räumliche Ausdehnung der Gleitfläche und die präzise Kontrolle der Versuchsbedingungen verursacht. Immerhin ist eine Verschiebung in Richtung auf hydrodynamische Vorgänge, namentlich bei reichlicher Schmierstoff-Zugabe durchaus möglich und bereits festgestellt.

6. Ein ausgesprochenes Verschleißprüfgerät stellt der Apparat von Siebel-Kehl dar; es liegt eine ausführliche Veröffentlichung vor [7]. Zwei ebene Scheiben, die eine in Segmente aufgeteilt, gleiten um eine konzentrische Achse aufeinander. Die Schmierverhältnisse zwischen ebenen Scheiben sind bislang für solche Scheiben, die eine erhebliche radiale Ausdehnung aufweisen, hydrodynamisch noch wenig erforscht; insbesondere ist die Verteilung der spezifischen Anpreßdrücke von innen nach außen bei auftretendem Abrieb wegen der Verschiedenheit der Gleitgeschwindigkeiten wohl noch kaum experimentell klargestellt.

Soweit das Gerät zum Ölvergleich benutzt wird, gestattet es Feststellungen über die Grenzen der Belastbarkeit bei vorgegebener Geschwindigkeit. Gegen diese Grenzen hin kann man aber nur einen nicht stationären Verschleißzustand voraussetzen. Dauerversuche mit zuverlässig stationärem Abrieb bei geringeren Belastungen unter Schmierung sind dem Verfasser bisher nicht bekannt geworden.

Es ist bekanntlich schwierig, die zeitabhängige Größe des Abriebs durch Gewichtsmessungen genau zu bestimmen, weil die in Intervallen zu messende Gewichtsdifferenz gegenüber dem Gewicht des Prüfkörpers zu gering ist, auf das die Empfindlichkeit der Waage abgestimmt werden muß. Die Prüfgeräte nach Eichinger [6] und Skoda-Sawin, letzteres auch vom Technischen Prüfstand Oppau in etwas veränderter Form nachgebaut, benutzen daher Anschliffflächen, die eine volumetrische Aufmessung des Abriebs erleichtern.

Das Gerät nach der Methode von Eichinger auf die Prüfmaschine von Amsler zugeschnitten, läßt eine rotierende breite Stahlscheibe gegen einen ebenen Prüfkörper laufen. In diesen schleift die Scheibe einen zylindrischen Sektor ein, dessen Sehne sich allmählich vergrößert und unter dem Meßmikroskop genügend genau aufgemessen werden kann. Der Anpreßdruck kann dabei von Null bis zu einem beliebigen Wert verändert werden. Die sich einschleifende Zylinderfläche ist so groß, daß die spezifische Pressung mit sehr kleinen Werten beginnen kann. Durch die gute Schmiegung bei fortgeschrittenem Einschliff entsteht die Möglichkeit, sowohl einen wirksamen hydrodynamischen Druckberg wie auch alle übrigen Schmierphasen bis zur Kontaktreibung je nach Größe des Druckes, der Geschwindigkeit und Temperatur einzuregeln und damit gerade die Übergangszustände zwischen innerer Flüssigkeitsreibung mit oder ohne Grenzflächenwirkung zu untersuchen, also ausgesprochen stationäre Verschleißwirkungen herzustellen und daraus die Kurve des spezifischen Verschleißes aufzuzeichnen.

Zu beachten ist aber, wie scharf bei dieser Art des Abriebes die nicht stationären Teile der Verschleiß-Volumenkurve von dem stationären Endzustand getrennt werden müssen und wie lange Versuchsdauern erforderlich sind (bis 10 Stunden und mehr. Vergl. hierzu die Abb. 2 und 4 in der angeführten Schrift von Eichinger [6]), bis der stationäre Zustand erreicht wird. Ähnliche Zeiten wurden auch bei den Versuchen des Verfassers gemäß Abb. 3 benötigt.

Ein Nachteil besteht darin, daß ein u. U. ebenfalls auftretender Verschleiß der umlaufenden Scheibe mengenmäßig schwer zu bestimmen ist. Dieser Nachteil läßt sich größtenteils dadurch ausschalten, daß man gehärtete Scheiben aus verschleißfestem Stahl verwendet. Für die wichtigsten praktischen Fälle der Gleitreibung entspricht das der Tatsache, daß man ja bei diesen auch mit einer harten Stahlwelle zu tun hat und es vorzugsweise darauf ankommt, das Verschleißverhalten des Gegenkörpers, z. B. des Lagerschalen-Werkstoffes zu studieren. Will man den Abrieb der Stahlscheibe mit in die Messung einbeziehen, so erfordert das langwierige Beobachtungen.

Legt man den Schwerpunkt auf Ölvergleiche, so ist bei gegebener Metallpaarung eine möglichst genaue Messung der Reibungskräfte erwünscht.

Versuche dieser Art bleiben immer noch in einem technischen, d. h. in der Praxis denkbaren Rahmen des Abriebs. Eine in die physikalischen Grundlagen vorstoßende Präzision läßt sich wohl nur durch Verfeinerung nach Art der Holmschen Kreuzdraht-Versuche im Vakuum oder unter einer Schutz-Atmosphäre neutraler Gase erreichen:

Zusammengefaßt läßt sich aus der Kritik der bekannten Apparate folgende Schlußfolgerung ableiten.

Einen vollkommenen Apparat, der gestattet, *alle* für die Forschung erwünschten Elemente des Verschleißvorganges zunächst einmal unter Beschränkung auf gleitende Reibung und Schmierung mit technischen Mitteln zu durchforschen, gibt es noch nicht. Legt man aber den Schwerpunkt der Forschung auf die Untersuchung der Übergangszustände, d. h. konkret ausgedrückt auf die Feststellung, unter welchen Umständen beginnt eigentlich der Abrieb und wie steigert er sich — z. B. in der Grenzreibung mit Grenzflächenwirkung oder erst mit der Kontaktreibung, so können nach Ansicht des Verfassers nur solche Geräte in Frage kommen, die gestatten, neben der Reibungsgröße auch die Menge des Abriebs hinreichend genau und stationär zu messen. Die für die Praxis — namentlich der Ölforschung — wichtigen Kernfragen sind:

a) Unter welchen äußeren Umständen beginnt der Verschleiß und

b) welches Ausmaß nimmt er an und wovon sind diese Wirkungen abhängig?

Welches Ausmaß des Abriebs — aber nur im stationären Verschleißgebiet — man zulassen kann, bestimmt allein der praktische Anwendungsfall, wenn man ihn nicht ganz ausschalten will.

Jeder Fachmann wird sich darüber klar sein, daß auch für dieses abgegrenzte Gebiet der Verschleiß- bzw. Schmierungsforschung, der meßtechnischen Schwierigkeiten und Aufgaben noch übergenug zu überwinden sind.

Hypothesen über die Beziehung zwischen Verschleiß und Schmierung

Die physikalisch-chemische Grundlagenforschung ist noch nicht in der Lage, die Beziehungen zwischen Verschleiß und chemischer Struktur der Schmierstoffe exakt zu bestimmen, was ja auch im Hinblick auf deren verwickelten Aufbau nicht wundernehmen kann. Beschränken wir uns wieder auf das Problem der reinen Gleitreibung, so ist zunächst festzustellen, daß bei hydrodynamischer Schmierlage die Scherbeanspruchungen der äußersten laminaren Grenzschicht gegenüber der festen Oberfläche rechnungsmäßig bei rein tangentialer Verschiebung so gering ausfallen, daß dadurch ein Abscheren von Metallteilen nicht bewirkt werden kann, auch nicht bei hohen Schergefällen.

Verschwindet die geordnete Kontinuums-Strömung, so lassen sich die Grenz-Schubkräfte auch nicht mehr nach der hydrodynamischen Theorie berechnen. Infolge der Zerklüftung der Lauffläche könnten dann u. U. an den Kanten und Rücksprüngen der tragenden Flächenteile Abreißvorgänge der Ölschicht auftreten, die nicht mehr tangential, sondern mehr oder weniger schräg zur Oberfläche gerichtet sind, also mehr auf eine Zugbeanspruchung der Schmierstoff-Molekülverbände hinauslaufen. Ob durch deren periodische Wiederholung eine allmähliche Ermüdung und Auflockerung des Gefüges eingeleitet werden kann, entzieht sich der Kenntnis. Nachdem aber durch die Holmsche Vorstellung die Reibung als solche durch das Inkontaktgeraten der Kraftfelder der Oberflächenatome und dadurch bewirkte Verzerrung aus ihrer Gleichgewichtslage erklärbar ist, liegt doch eine gewisse Berechtigung zu der Annahme vor, daß diese verzerrenden Kräfte u. U. bis zu einer Zerrüttung des Oberflächengefüges und Lockerung von Atomgruppen gesteigert werden könnten, dies besonders auch im Hinblick auf die im Kristallgefüge vorhandenen Fehlstellen.

Kombiniert sich diese Wirkung mit dem Hin- und Herwalken der Schmierhaut zwischen den Unebenheiten der Oberfläche und die dadurch hervorgerufenen intermolekularen Reißwirkungen, so könnte man daraus eine natürlich nur grobsinnliche Vorstellung über das Einsetzen des Verschleißes ableiten. Dies namentlich dann, wenn der Zähigkeitszustand des Schmierfilmes sich durch Grenzflächen-Einwirkungen mehr einer quasi kristallinen Struktur genähert haben sollte. Treten örtlich hohe Temperaturblitze auf, so sind natürlich auch Schweißvorgänge kleinster Teile denkbar.

Wie dem auch sei: Jeder örtliche Anbruch dieser Art stellt gewissermaßen eine frische „Wunde" in der vorher durch die adsorbierte Deckhaut abgedeckten Oberfläche dar; es liegt die rein metallische Kristallfläche offen. Wie schnell sie sich wieder mit einer adsorbierten Deckschicht verschließt, dürfte sehr stark von der Benetzungsgeschwindigkeit des in der Umgegend vorliegenden Schmierstoffes abhängen. Die Ölarten mit dem kleinsten Randwinkel müßten also am ehesten geeignet sein, den geschlossenen Schmierschichtverband wieder herzustellen oder, allgemeiner ausgedrückt: alle diejenigen, die irgendwie geeignet sind, den geschlossenen Schmierschichtverband schneller wieder neu zu bilden, dagegen nicht ohne weiteres diejenigen, deren Haftfestigkeit zahlenmäßig gegenüber den festen Oberflächen-Teilen am größten ist.

Bleibt eine solche „Wunde" relativ längere Zeit offen, so bleibt natürlich die Gefahr rein metallischen Kontaktes entsprechend länger bestehen und damit die Möglichkeit zu Verschweißungen. Die Veränderlichkeit dieses Zustandes wird ebenso von der Struktur des Schmierstoffes wie von dem Kräftepotential der angrenzenden Oberflächen bestimmt sein, woraus ohne weiteres folgt, daß die gute Verschleißeignung eines Schmierstoffes bei der einen Oberflächen-Paarung nicht unbesehen auch bei einer anderen einzutreten braucht. Die vorliegenden Versuche zeigen das deutlich. Die große Zahl der dadurch denkbaren Variationen erschwert es natürlich ganz außerordentlich, zu allgemeinen Regeln zu kommen.

Vielleicht läßt sich jetzt schon die Hypothese aufstellen, daß manche leichten Öle mit geringer Oberflächen-Spannung und kleinem Randwinkel, auch wenn sie bei kleinsten Gleitgeschwindigkeiten keine fallende μ-Kurve aufweisen, demnach also im landläufigen Sinne ungünstigere Schmiereigenschaften besitzen, dennoch die Wiederherstellung eines durchgehenden Schmierfilms beschleunigen, also den Verschleiß günstig beeinflussen. Es scheinen dies nach vorliegenden Versuchsergebnissen vorzugsweise diejenigen Ölsorten zu sein, bei denen sich der Anstieg unterhalb des sog. Umkehrpunktes der μ-Kurve zum Haftreibungs-Nullpunkt hin über einen weiten Bereich ausdehnt, also die Reaktion auf Verminderung der Geschwindigkeit gering ist.

Andererseits gibt es auch sicher hochmolekulare, z. B. synthetische Öle, die bis herab auf sehr kleine Gleitgeschwindigkeiten fallende, d. h. hydrodynamische μ-Kurven ergeben, ja manchmal einen ausgesprochenen Umkehrpunkt vermissen lassen [8] (vgl. Abb. 5). Das dürfte seinen Grund darin haben, daß diese stark verketteten Molekülgruppen sich schwerer auf ganz dünne Filme bis an die Zerreißgrenze auswalzen lassen, also noch weiter in das Grenzreibungsgebiet hinein die innere Flüssigkeitsreibung mit den zugehörigen hydrodynamischen Erscheinungen, vor allem der Druck-Schubwirkung, aufrechterhalten, also dem *Eintreten* des Abriebes besser widerstehen. Anscheinend spielen sich also mehrere gegenläufige Wirkungen ab, die ein einheitliches Bild nicht aufkommen lassen.

Man hätte also zu unterscheiden zwischen einer „verschleißvorbeugenden“ und einer „verschleißheilenden“ Wirkung der Schmierstoffe. Die letztere dürfte vorwiegend den fetten und stark benetzenden Ölen mit stark grenzflächen-aktiven Molekülgruppen eigen sein, vielleicht nehmen sie auch die örtlichen Wärmespitzen schneller auf und leiten sie ab. (Die Kühlwirkung von Rüböl und anderen „fetten“ organischen Schmierstoffen ist in der Praxis bei Schneidvorgängen altbekannt!)

Vorbeugende Wirkungen scheinen mehr den hochmolekularen zähen Ölen dadurch eigen zu sein, daß sie bis herab zu sehr kleinen Geschwindigkeiten einen hydrodynamischen Effekt der inneren Flüssigkeitsreibung aufrechterhalten und einen stärkeren Endfilm verursachen; dagegen ist es fraglich, ob sie nicht bei hohen Temperaturen durch Kettenzerfall „zerstört“ und abgebaut werden, so daß sie dann keine „heilenden“ Wirkungen mehr ausüben können, ganz abgesehen von ihrer Trägheit in der Wärmeleitung.

Es wird auch wohl ein Unterschied sich dadurch ergeben, daß es darauf ankommt, ob das Einsetzen der Kontaktreibung bzw. des Verschleißes mehr durch Druckwirkung (hohe spezifische Pressung) oder durch Geschwindigkeitsabfall bei relativ niederen Drücken vorzugsweise bewirkt wird. Der Zylinderverschleiß in Motoren gehört z. B. in diese Gattung. Im ersteren Fall wird die Druckzähigkeit eine Rolle spielen.

Der Verfasser ist übrigens der Anschauung, daß *alle* Öle, auch die mit scheinbar fallender μ-Kurve, einen aufsteigenden Ast aufweisen würden, wenn es nur gelingt, die Gleitgeschwindigkeit auf genügend kleine Werte herabzusetzen, denn der Reibungswert der Ruhe dürfte immer in einer höheren Größenordnung liegen, und Unstetigkeiten sind nicht zu erwarten. Der scheinbare Unterschied zwischen steigender und fallender Charakteristik wird sich also vermutlich daraufhin vereinfachen, daß ein mehr oder weniger weitreichender Bereich des „hydrodynamischen“ Astes der Reibungskurve nach der kleinen Geschwindigkeit hin festgestellt werden kann. Das läuft darauf hinaus, daß sich der charakteristische Unterschied in der Fähigkeit äußert, bis zu sehr kleinen Geschwindigkeiten einen tragfähigen Film, d. h. ein ausreichendes Schergefälle dv/dy aufrechterhalten zu können, worüber noch manches zu sagen wäre. Es ist aber natürlich ein Unterschied, ob man die μ-Kurve mit fallenden Geschwindigkeiten durchfährt und dabei die Filmdicke entsprechend dem hydrodynamischen Grundgesetz allmählich und vorsichtig vermindert oder aber aus dem Zustand der Ruhe mit einer beliebigen, gar nicht kontrollierbaren Filmstärke beginnt und dann der Film sich erst allmählich in den der Geschwindigkeit zugeordneten Zustand entwickelt. So hat z. B. schon TRÄNKNER festgestellt, daß beim Anfahren mit steigender Geschwindigkeit der μ-Wert erst ansteigt und dann wieder fällt, im umgekehrten Fahrsinne aber nicht.

Anders ausgedrückt: bei einer ruhenden Gleitfläche hängt der Zustand des Filmes sowohl von der früher eingebrachten Ölmenge wie auch von der Zeitdauer des Ruhezustandes ab. Zwei äußerlich gleiche ruhende Gleitflächen können also auch bei gleichem Schmierstoff ganz verschiedene Haftreibungs-Zustände aufweisen.

Ruhender Druck auf die Gleitfläche bewirkt nach einer gewissen Zeit strukturelle Änderungen in dem Ölfilm, die sich in einer Erhöhung des Abreißwiderstandes äußern, ein Versuch, den man mit jeder Welle von genügend großen Abmessungen anstellen kann [5].

Geht das Anfahren der Gleitflächen mit großer Beschleunigung (unter Last) vor sich, so können Abreißwiderstände auftreten, die weit über das Maß der inneren Flüssigkeitsreibung im strömenden Film hinausgehen. Viele Verschleißerscheinungen an solchen Gleitflächen setzen daher nicht erst im laufenden Betrieb, sondern im Moment des Anfahrens ein und sind daher bei Maschinen, die häufig an- und abgestellt werden, die wahrscheinliche Ursache des stärkeren Abriebs. Auch die Korrosionserscheinungen im oberen Totpunkt der

Zylinder von Verbrennungsmaschinen gegenüber dem obersten Kolbenring gehören in diese Gruppe von Verschleißvorgängen.

Angesichts einer solchen Fülle von Beobachtungen ist es kaum zu erwarten, daß die Beziehungen zwischen Schmiereignung und Verschleißfestigkeit eines Schmierstoffes auf eine so einfache Formel gebracht werden können, die ohne weiteres die Gegenläufigkeit dieser beiden wichtigen Kennzeichen unterstellt. Das letzte Wort über die kausalen Zusammenhänge hätte natürlich die physikalisch-chemische Forschung zu sprechen. Solange diese aber dazu noch nicht in der Lage ist, wird nichts übrigbleiben, als weiterhin statistisch mit verschiedenen Methoden die Erscheinungen aufzunehmen und zu ordnen. Nur muß man sich dabei über die Grenzen der Vergleichbarkeit klar sein.

Zusammenfassung

Es werden Betrachtungen über die Zusammenhänge der verschiedenen Schmierphasen angestellt und neue Vorschläge über die Begriffsabgrenzung zwischen flüssiger, Grenz- und Kontaktreibung vorgelegt.

Für den Zusammenhang zwischen Schmiereignung und Verschleiß bei geschmierter Gleitreibung wird auf den Unterschied zwischen stationärem und nicht stationärem Abrieb hingewiesen und die Notwendigkeit betont, die Übergangszustände zwischen nicht verschleißender und verschleißender Reibung durch genügend weit ausgedehnte Messungen des Abriebs zu untersuchen. Eine Reihe von bekannten Meßgeräten wird kritisch besprochen und verschiedene Hypothesen über den Zusammenhang zwischen Verschleiß und Schmiereigenschaften der Öle erörtert.

Die vorliegenden Betrachtungen erheben nicht den Anspruch, eine erschöpfende Darstellung der vorliegenden verwickelten Probleme zu geben. Sie sollen vielmehr der Diskussion Anregungen und der Forschung neue Hinweise vermitteln.

Schrifttums-Verzeichnis

[1] Philipovich, A. v. Abgrenzung häufig verwendeter Begriffe der Schmierung. Z. d. VDI, Bd. 86, 1942, S. 408/409.

[2] Holm, R. Die technische Physik der elektrischen Kontakte. Verlag Springer, Berlin 1941.

[3] Holm, R. Über das Wesen der Reibung zwischen festen Körpern. Chalmers Tekniska Högskolas Handlingar. Göteborg 1943.

[4] Lüpfert, Dr.-Ing. Notlaufeigenschaften der Gleitlagermetalle in Maschinen der Feinmechanik. VDI-Forschungsheft Nr. 417, VDI-Verlag, Berlin 1942.

[5] Heidebroek, E., und Pietsch, E. Untersuchungen über den Schmierzustand in der Grenzreibung. Forschung, Bd. 12, 1941, Heft Nr. 2, S. 74—87.

[6] Eichinger, A. Verschleiß metallischer Werkstoffe. Mitteilungen aus dem Kaiser-Wilhelm-Institut für Eisenforschung, Abhandlung 422.

[7] Siebel, E., und Kopitzsch, K. Verschleiß-Erscheinungen bei gleitender trockener Reibung. VDI-Verlag, Berlin 1941.

[8] Tränkner, G. Reibungsmessungen an kleinen Lagern im Gebiet der Grenzreibung. Forschung, Bd. 14, 1943, Heft Nr. 1, S. 11—23.

ABHANDLUNGEN
DER SÄCHSISCHEN AKADEMIE DER WISSENSCHAFTEN
ZU LEIPZIG

MATHEMATISCH-NATURWISSENSCHAFTLICHE KLASSE

GÜNTHER STERBA

Untersuchungen über die morphologischen und histogenetischen Thymusprobleme bei Xenopus laevia daudin nebst einigen Bemerkungen über die Morphologie der Kaulquappen

Erscheint in Kürze

HELMUT HASSE

Zahlentheorie

Dieses Werk, das zu einer Gesamtdarstellung der modernen Zahlentheorie ausgebaut werden soll, enthält die Arithmetik des rationalen Zahlenkörpers, eine ausführliche Theorie der diskret bewerteten perfekten Körper mit endlichem Restklassenkörper und — auf dieser Grundlage entwickelt — die Arithmetik der algebraischen Zahlkörper unter Berücksichtigung auch der algebraischen Funktionenkörper einer Unbestimmten mit endlichem Konstantenkörper.

XII und 470 Seiten · 1949 · brosch. DM 44.—, gebd. DM 47.—

Bestellungen an eine wissenschaftliche Buchhandlung oder an den Verlag erbeten

---

AKADEMIE-VERLAG · BERLIN NW 7

FSC
www.fsc.org
MIX
Papier | Fördert
gute Waldnutzung
FSC® C083411

Zeitfracht Medien GmbH
Ferdinand-Jühlke-Straße 7
99095 Erfurt, Deutschland
produktsicherheit@kolibri360.de